车轮

手绘人类重大发明

[德] 阿里·米特古驰 / 著　耿春波 / 译　时翔 / 审

电子工业出版社

Publishing House of Electronics Industry

北京·BEIJING

人类从诞生之日起就在不断探索解决运输重物的难题。

在数千年的漫长实践中，人们运输的形式多种多样，最终发现使用圆形车轮运输较为便利。

5

最初，人们滚动原木移动重物。

现存最古老的木车轮图片是公元前3500年苏美尔时期保存下来的。

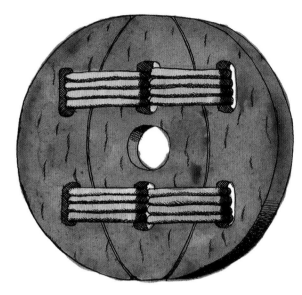

这种样式的木车轮是当时最先进的。

随着工具的改进，人们加工原木的技术日趋成熟，一体式片状木车轮诞生了。

早期的木车轮样式

　　最初的片状木车轮是一体式的。所谓一体式片状木车轮是指人们像切香肠一样直接从原木上切下一片原料加工成车轮。这种木质车轮在干燥的条件下很容易裂成碎片，因此耐用性很差。考古证明，苏美尔人发明了当时最先进的组合式木车轮。这种组合式木车轮由三个部件组成，每个损坏的部件都可以被单独替换。古人用有弹性的柳条绳来加固木车轮从而使木车轮的耐用性大大提高。这种组合式车轮在遇到剧烈撞击时不易破碎，部件之间虽会变得松散但仍可保持车轮的形状，而且破损的部件可以拆卸、替换。

一体式是最棒的！

不，这个才是！

有弹性的柳条绳可用于连接木车轮的组装部件。

这是在小亚细亚地区广泛使用的早期木车轮，这种木车轮至今仍被沿用。

这曾是欧洲广为使用的车轮样式。这种在瑞士格劳宾登地区发源的早期木车轮样式直到不久前才退出历史舞台。

组合式木车轮实用性较强，其生命力令人惊叹。无论是在亚洲还是欧洲，人们在4000多年的漫长时间里一直在使用样式几乎相同的组合式木车轮。组合式木车轮的"长寿"不禁让我们扪心自问，如今是否也存在生命力如此顽强的发明呢？

雷，快来帮忙！

木车轮在巴别塔的建造中也发挥了重要作用。

别拉着我！我要去前头看看！

快过去，里恩找你！

马铃薯呢？放哪儿了？

不用送了，我们一定按期将货品送到！

再见了，伙计！一路平安！

准备现在出发吗？

谁知道呢！

哞！

好喝……

战车

法老图坦卡蒙时期的
古埃及战车

古埃及战马的挽具
装饰有大量的羽毛、
金箔和皮革。

古埃及时期
已经出现了
青铜车轮。

熟练地驾驭战车离不开
长期训练。

古埃及战马的
漂亮头饰

阅兵式上身着
甲胄的古罗马军
团士兵

凯尔特式
战车

古罗马
时期的
战车

古罗马时期的
战马挽具

在古罗马时期，凯尔
特式战车不仅用于作战
和竞赛，还是当时的邮
政专车。

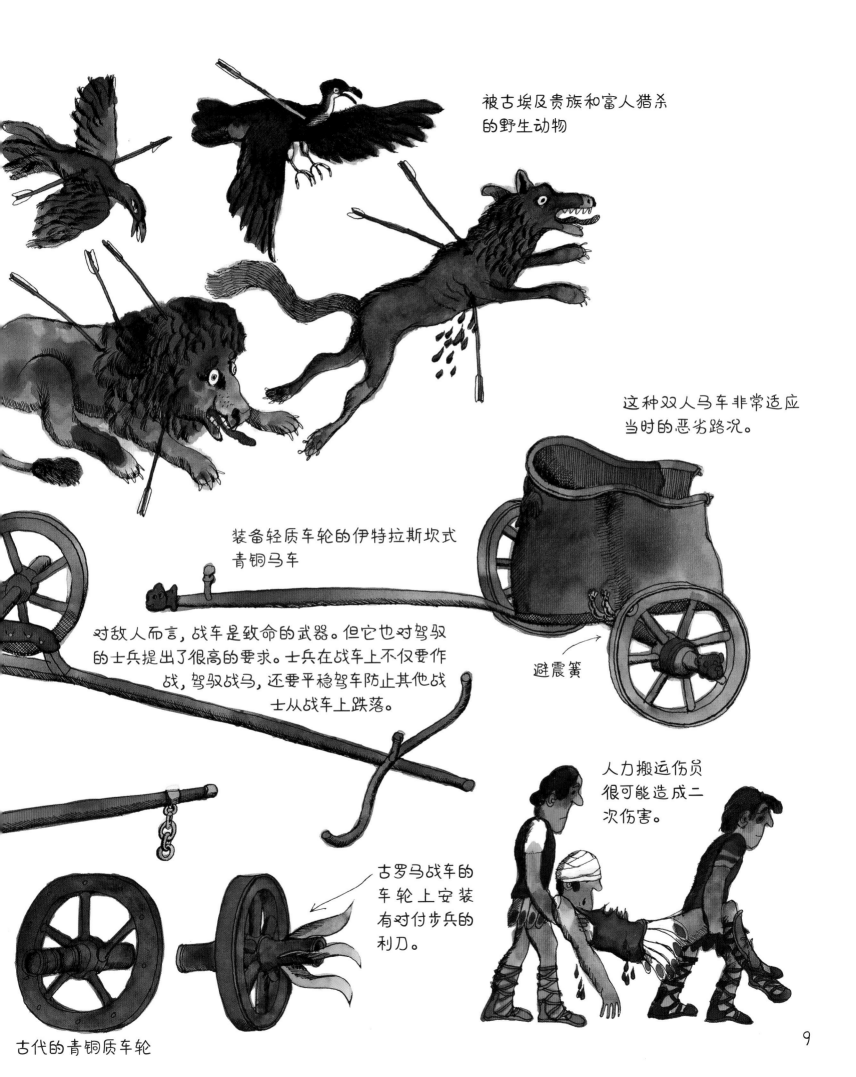

被古埃及贵族和富人猎杀的野生动物

这种双人马车非常适应当时的恶劣路况。

装备轻质车轮的伊特拉斯坎式青铜马车

对敌人而言，战车是致命的武器。但它也对驾驭的士兵提出了很高的要求。士兵在战车上不仅要作战，驾驭战马，还要平稳驾车防止其他战士从战车上跌落。

避震簧

古罗马战车的车轮上安装有对付步兵的利刀。

人力搬运伤员很可能造成二次伤害。

古代的青铜质车轮

滚轮和滚筒

通过滚动原木可以搬运沉重的物体。通过不间断地反复铺设原木，人们只需使用有限的原木就可以搬运重物。有人曾说，法老建造了规模宏大的陵墓和金字塔。这种说法并不正确。事实上，修建陵墓和金字塔的不是法老，而是数以万

偷懒的奴隶

奴隶只有勤奋工作才可能成为低级监工。

指挥搬运的建筑师

两个企图逃跑的奴隶

计的奴隶。奴隶们用原木充当滚轮来运输重达数吨的巨石，利用简陋的工具建造了陵墓和金字塔。

古人发明了木制滚筒来抬升重物，就像现在建筑工地和港口使用的升降机和起重机一样。当时，驱动木制滚筒的不是发动机而是人力。为了驱动滚筒，人们需要在滚筒里跑动或是从外部踩踏。这种工作枯燥乏味，毫无乐趣可言。

驱动滚筒的工作单调无聊，报酬很低。

16世纪佛兰德尔地区的脚踏式起重机

高级监工

皮鞭

因为操作不慎而被
截肢的鼓手

有节奏地敲鼓可以让奴隶
在工作时步调一致。

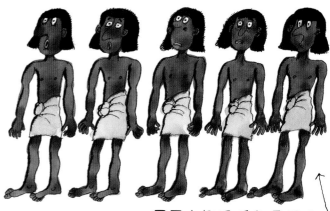

用原木搬运重物需要大
量的奴隶。

这种木质滚筒起
重机多用于修建
桥梁和要塞。

11

一体式片状木车轮

步兵

武器 →

公元前2500年左右的苏美尔式战车由木材和皮革制成。

牵引战车作战的是四头驴子。

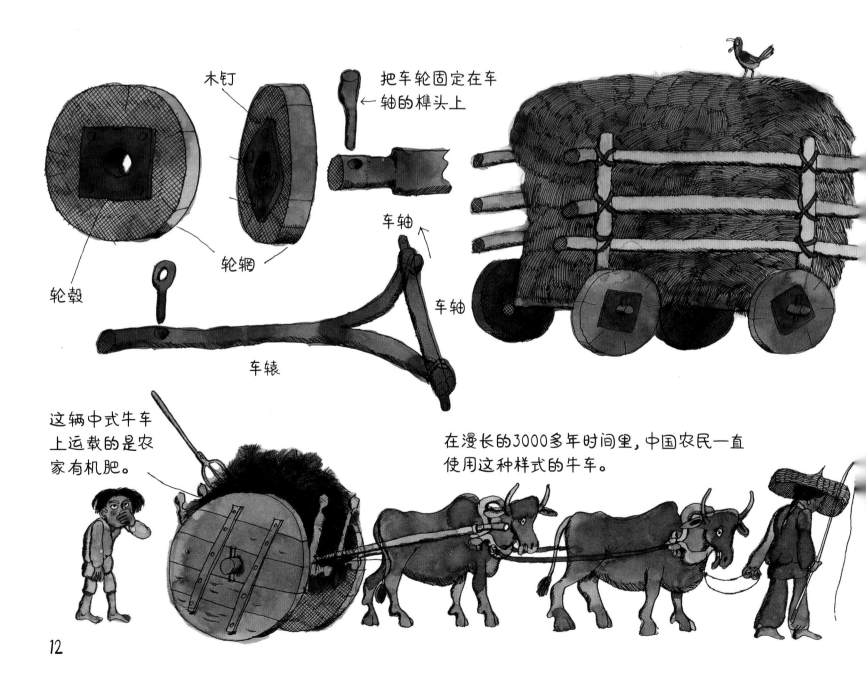

木钉

把车轮固定在车轴的榫头上

轮辋

轮毂

车轴

车轴

车辕

这辆中式牛车上运载的是农家有机肥。

在漫长的3000多年时间里，中国农民一直使用这种样式的牛车。

在漫长的历史进程中，劫掠和战争一直与人类社会生活相伴。在击败对手或洗劫商贩后，俘虏沦为胜利者的奴隶。奴隶毫无权利可言，他们被驱使、奴役，或像商品一样被买卖。下图描绘的是一场发生在奴隶运输时的车祸。

贸易车队装载的主要货品：

布匹

香料

葡萄酒

盐

防雨苫布

车夫

防护秸秆捆

上锁的钱罐

绳索

古时的纽伦堡贸易车队

在大型商业城市出现后，商用马车承担了辗转于意大利大型港口和中欧商业都市间的货物运输任务。在那个时候，马拉货车不仅要翻越阿尔卑斯山区的高山险隘，而且还要穿过众多封建割据领地。

为了保护装载的货物不被强盗洗劫，马拉货车在运输时会组成庞大的运输车队，车队里还有全副武装的保镖。运输车队每穿过一个封建领地都要多缴纳一份过路费和关税，因此货物价格在到达目的地后会变得非常高。那时的贸易充满风险，凶残的强盗、贪婪的封建领主、暴风雨和洪水都能让商人人财两空。俗话说："风险高，收益大。"只要货物能安全抵达目的地，商人就能赚得盆满钵满。

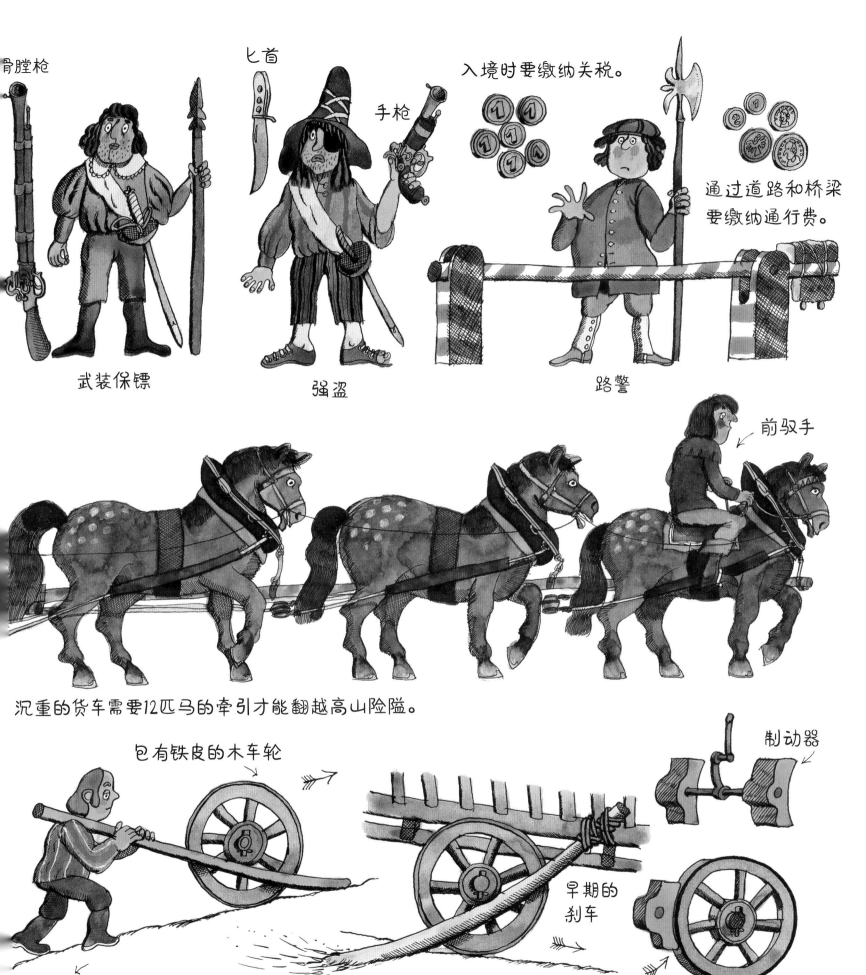

骨膛枪

匕首

手枪

入境时要缴纳关税。

通过道路和桥梁
要缴纳通行费。

武装保镖

强盗

路警

前驭手

沉重的货车需要12匹马的牵引才能翻越高山险隘。

包有铁皮的木车轮

制动器

早期的
刹车

货车在上山时需要车夫撬动车轮。

下山时，货车需要经常更换
用于刹车的木棍。

安装了制动器的车轮

15

君王和贵胄的马车

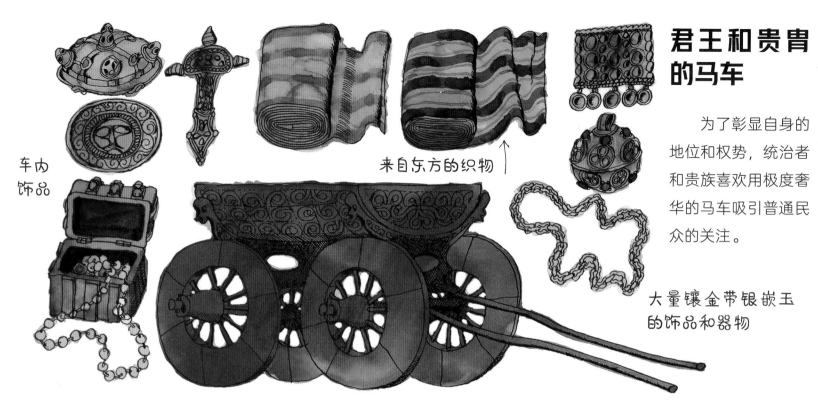

车内饰品

来自东方的织物

为了彰显自身的地位和权势，统治者和贵族喜欢用极度奢华的马车吸引普通民众的关注。

大量镶金带银嵌玉的饰品和器物

这是一位诺曼女侯爵陪嫁的奢华马车。

君主的节杖

这是公元1000年左右一位欧洲皇帝简单装饰的轻便马车。

古时候，长途旅行是一件非常艰辛的事情。根据历史记载，陪伴君王出巡的嫔妃的平均寿命只有区区20岁。

这是一位波斯公主的奢华马车。

驭手

君王出巡的奢华马车能向民众释放一个明确的信息：王位是稳固的，王国是富有的。

高调奢华的马车不仅可以引起民众的关注，更是给车内乘客增加了神秘感。车辆的奢华体现了统治者的权势。

马车座椅包裹着绣工精美的丝绒垫。

避震器

装饰张扬的车头彰显了巴伐利亚国王路德维希二世尊贵的地位。

大型火药桶

导火索

铁炮弹

便携式小
火药桶

霰弹和小弹丸

成堆的炮弹

王侯军队的纹章 ↘

活动炮架 ⟶

铁箍可以增加木质部
件的强度。

木质车轮安装铁箍
后耐用性提高。↑

砖瓦
↘

炮刷

身着阅兵制服
的炮兵

用于计算弹
丸飞行轨迹
的黄铜质弹
道仪

直到20世纪初
期，马一直是
人类最重要的
运输助手。

运送建筑材
料的马车
↗

18

火炮

火药诞生后，青铜火炮出现在战场上。当时的青铜炮可以发射石质和铁质弹丸。为了克服火炮的后坐力在战场上实现快速机动，火炮被装上了车轮。

可防尘和防雨的炮口罩

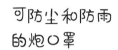

炮弹种类：（从左至右）石弹、带铁箍的石弹丸、铁弹、开花弹。

俗话说："大炮一响，黄金万两。"强盗趁火打劫的首选目标是那些富人的住宅。

少浆

15世纪时用于搬运病人和残疾人的独轮车

退役军官

仆人或男护士

纽伦堡，1685年

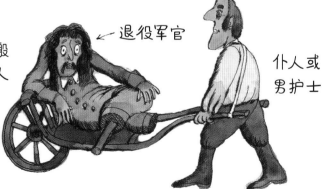

凡事都有两面性，车轮的出现也不例外。作战时，装有车轮的火炮具有了更大的威力。停战后，对于被战火摧毁的城堡、村庄和城市而言，车轮又是重建时的重要帮手。无论是运输伤员的手推车，还是供残疾人使用的手摇车，车轮都是必不可少的部件。

手摇柄

齿轮

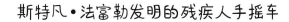

斯特凡·法富勒发明的残疾人手摇车

人力车

自古以来，人们都希望能找到既轻松又很舒适的移动方式。我们借助机械力增强自身力量的实践从未中断。为了节约人力，人们对人力车的改进进行了不计其数的尝试，但真正成功的发明却屈指可数。自行车或许是人类迄今在人力车领域最为成功的创新。

木质结构

传动系统

手摇柄可以起到省力的效果。

乔瓦尼·达·丰塔纳博士设计的人力车（1420年，威尼斯）

齿轮

人类最早的滑步车出现在17世纪。当时，一座教堂的彩色玻璃上绘有滑步车的图案。

这是16世纪初国王马克西米利安一世的机械传动手摇仪仗车。

19世纪，安装有弹簧座椅的脚踏式三轮车。

木质车轮

稳定架

装饰螺栓

车灯钳

转向装置

金属轮叉

脚蹬

科技进步（例如轻型结构的发明和使用）使人类的奇思妙想得以实现。

儿童手摇车（1850年）↓

手摇柄

↖链罩

这辆手摇仪仗车装饰了大量精美的木雕，车身还雕有描绘国王日常生活的图案。

人力车车夫

这种人力脚踏车可以搭载两位乘客。

银把手

坐在仪仗车后部和车内的奴仆摇动手柄驱动车子行驶。

脚踏

直到现在，仍然有亚洲国家使用类似的人力脚踏出租车。当地人把这种人力出租车称作"黄包车"。

运送货物的三轮脚踏车

三轮脚踏车

邮差使用三轮脚踏车来运送邮件。

现代自行车

充气橡胶轮胎

亚麻布和皮革

驿马车

几千年来，马车一直是人类最重要的交通工具。为方便乘客搭乘马车行驶，古罗马人在首都和遥远的行省间开辟

保暖兽皮和便携式陶制炭炉（1780年）

为了抵御冬季的严寒，邮政驿马车上配有取暖器材。

约克收

除了运送旅客，驿马车还用于定期传递邮件。

了长途客运线路。当时的乘客主要是信使、高级官吏和军官。16世纪后，经济的发展使长途运输邮件和人员成为社会刚需。1520年，查理五世颁旨建立邮政马车运输网，并设立了邮政局长这一官职。

亚洲地区早期使用的宿营车

当时，人们修建了大量邮政驿站。驿站不仅提供更换马匹和车夫的服务，而且还为旅客提供换乘和食宿服务。直到今天，我们仍然能在欧洲的许多地方看到挂有"邮政驿站"招牌的旅店。

14世纪时的马车

长途旅行时，贵族也要饱受恶劣路况的困扰和车辆故障频发的折磨。

夜间行车需要有人提着马灯在车前方引路。

震器可以减小车厢遇到崎路面时的震动，这极大地升了乘坐的舒适性。

由编织物制成的轻型车厢

车夫

这款马车仅需一匹马的牵引力。

数百年来欧洲强盗的刻板形象

强盗和路匪

　　随着货物长途运输业务的诞生和发展，拦路抢劫货物的强盗也逐渐形成了各自的"职业划分"和"职业特点"。一般的强盗只敢在森林里袭击独行的旅人。中世纪晚期出现了以劫掠为生的骑士团，他们盘踞在城堡里，洗劫过往的大型贸易车队。生活在沙漠和草原的游牧部落数百年来也一直以劫掠为生。强盗洗劫的不仅是财物，还会绑架人质勒索赎金。对富人而言长途旅行危机四伏。

　　在民间传说和文学作品中也出现了像罗宾汉一样劫富济贫、受人敬仰的侠盗。

马车内的座次安排严格遵循等级而定。车夫的位置在车头，奴仆的位置在车尾，大人物的位置在车厢的后部。

强盗在拦路劫时最偏爱劫掠目标是那没有配备护卫的奢华马车。

"富国银行"
驿马车

行李

强盗抢劫"富国银行"驿
马车的情景。

马车装载死囚
运往刑场。

成包的货物

骆驼有"沙漠之舟"的美誉。

贝都因人

卖货郎

走私犯

以车轮代步并不是人类出行的唯一选择。游牧部落出行有时并不使用车驾，这是因为当地没有可供车驾使用的道路。游牧民是指那些居无定所，住在帐篷里定期迁徙的人群。

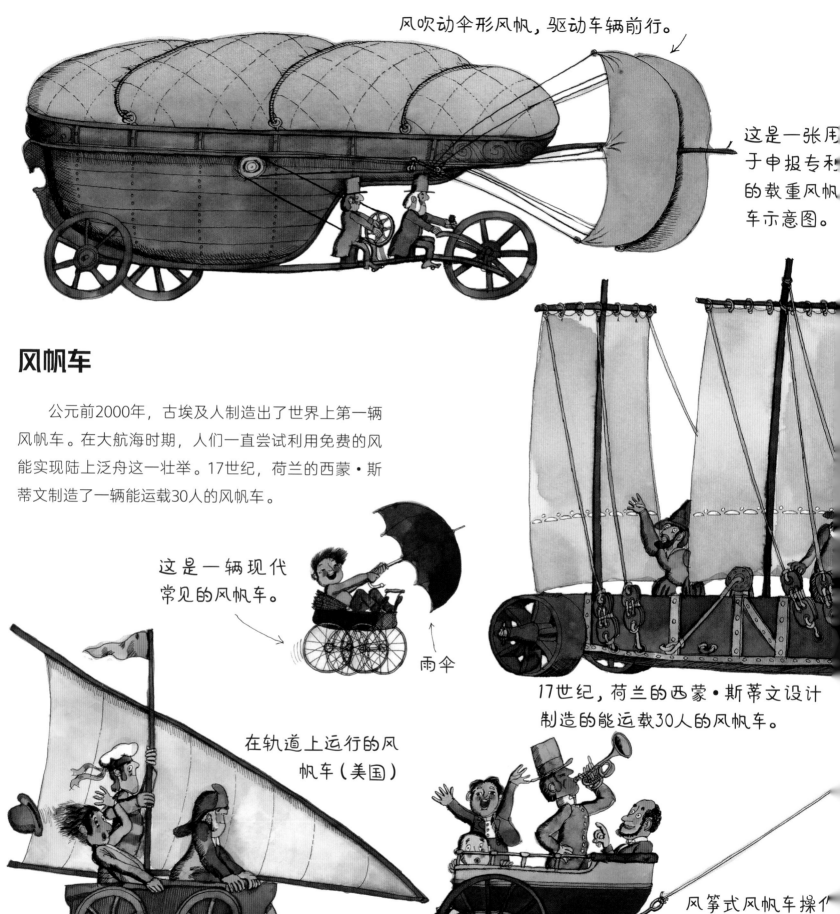

风吹动伞形风帆，驱动车辆前行。

这是一张用于申报专利的载重风帆车示意图。

风帆车

公元前2000年，古埃及人制造出了世界上第一辆风帆车。在大航海时期，人们一直尝试利用免费的风能实现陆上泛舟这一壮举。17世纪，荷兰的西蒙·斯蒂文制造了一辆能运载30人的风帆车。

这是一辆现代常见的风帆车。

雨伞

17世纪，荷兰的西蒙·斯蒂文设计制造的能运载30人的风帆车。

在轨道上运行的风帆车（美国）

风筝式风帆车操作流程十分复杂。这辆风帆车的特色是采用了风筝样式的风帆来驱动车辆。

信号旗

前桅帆

这辆风帆车曾在佛兰德尔沙滩上进行驾驶测试。

风筝式风帆采用轻型木质框架，上覆轻薄柔韧的丝织物。

灵缇（一种身体细长，善于赛跑的狗）

在风能丰富的沿海和平原地区，人们并不认为风帆车是异想天开、荒唐可笑的。风帆车迄今仍停留在设计师的草图上，制造出实用的风帆车仍然是人们渴望实现的梦想。

行驶在巴黎街头的风帆车（1834年）

中式独轮手推货车（上海）

供晴天时乘坐的露天座位

方向柄

配重

1769年，法国人尼古拉斯·约瑟夫·古诺研制成功世界上第一辆蒸汽汽车。
这辆蒸汽汽车时速为每小时4千米，
每行驶4千米就必须停车加水。

蒸汽管

锅炉

燃料添口

锅炉
燃烧室

重型木质结构车轮

驱动轮

蒸汽驱动

　　蒸汽是一种能源，它是在水被加热汽化的过程中产生
的。水蒸气的体积大于水，水在密闭空间加热汽化后就会产
生压力。这种压力一旦被释放出来足以推动机器的活塞，推
动其他部件运转。蒸汽驱动车是现代汽车的鼻祖。

制动
装置

蒸汽
压路
机

老式蒸锅

约翰·斯夸尔设计的蒸汽
汽车 (1833年)

玩具
蒸汽机

司炉

汽笛

安全阀

第一辆蒸汽自行车，1870年

由皮带传动驱动车轮

木质车轮

"蒸汽四轮车"，蒸汽驱动的水陆两用车，1834年

水上驱动的水轮

陆地驱动的车轮

锅炉

安全阀

灯光师

用于飞机场、比赛现场等大型场地照明的西门子移动照明车。

照明灯

明人

车体使用马匹牵引

为保证行人安全，英国规定车辆在行驶时车前要配备一位手执红旗的安全员。

水

煤

供气调节器

汽缸

烟囱

联动器

锅炉燃烧室

缓冲器

驱动轮

在蒸汽机时代，蒸汽车种类繁多，有蒸汽汽车、蒸汽自行车、蒸汽压路机、蒸汽公共汽车、蒸汽船和蒸汽火车等。蒸汽火车的发明促进了全球的技术进步。铁路联通了陌生的国度，促进了边远地区的开发（如西伯利亚、美国西部等），推动了商业贸易的繁荣发展。遍布全球的铁路网让距离不再成为影响人类交流的障碍。

乔治·斯蒂芬森研发的"火箭"蒸汽机车头，1829年

31

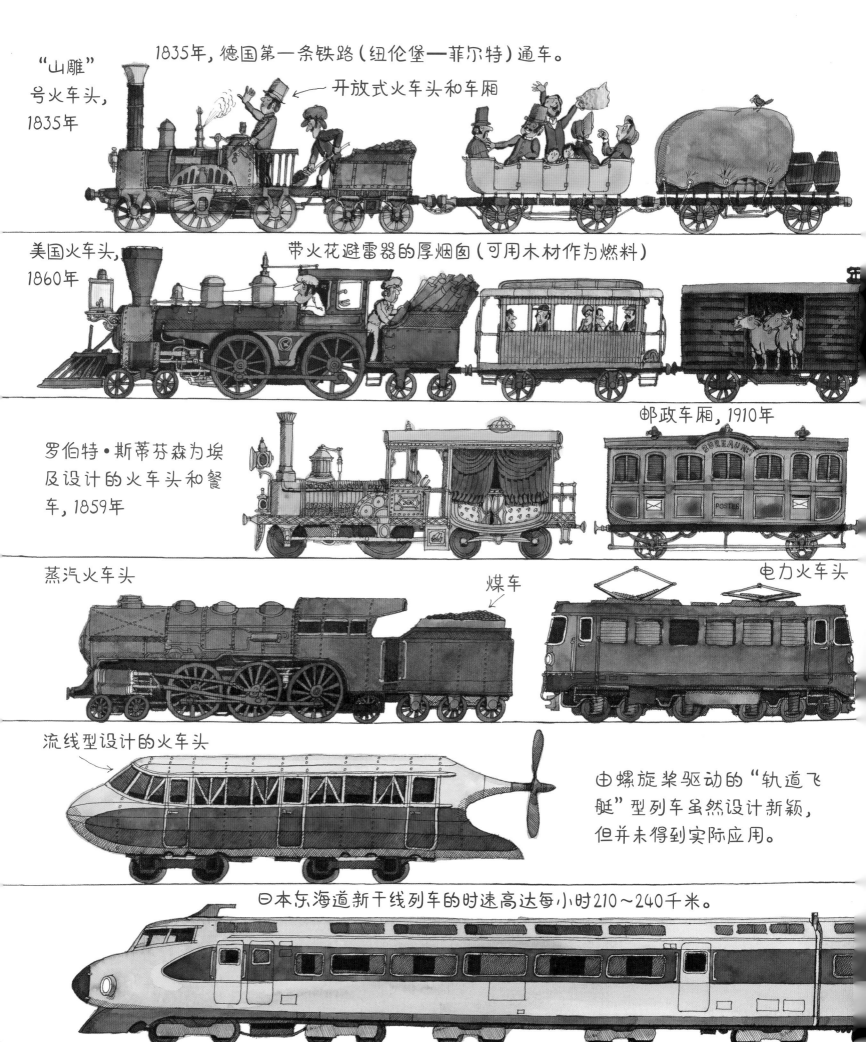

"山雕"
号火车头，
1835年

1835年，德国第一条铁路（纽伦堡—菲尔特）通车。

开放式火车头和车厢

美国火车头，
1860年

带火花避雷器的厚烟囱（可用木材作为燃料）

罗伯特·斯蒂芬森为埃及设计的火车头和餐车，1859年

邮政车厢，1910年

蒸汽火车头

煤车

电力火车头

流线型设计的火车头

由螺旋桨驱动的"轨道飞艇"型列车虽然设计新颖，但并未得到实际应用。

日本东海道新干线列车的时速高达每小时210～240千米。

巡逻队

精疲力尽的马匹

伤员

步兵

酋长

借助铁路和优良的武器，白种人最终征服了印第安人。印第安人充满恐惧地称铁路为"会喷火的马"。在开发、占领蛮荒西部、驱逐土著居民的过程中，铁路起到了决定性作用。

自行车车座

这是两款装有包铁木车轮的老式滑步车。

自行车

装有包铁木车轮的滑步车是现代自行车的前身。直到19世纪中期，自行车车轮才装备了轻型钢轮辐和实心橡胶轮胎。然而，骑行的剧烈颠簸让骑自行车毫无轻松惬意可言。为了提升骑行的舒适度，人们不断改进自行车。约翰·邓禄普于1888年制造出世界上第一个充气轮胎。得益于自行车后轮链条式传动和充气轮胎的发明，骑自行车才拥有了舒适的体验。规模化的生产显著地降低了自行车的售价。如今，自行车已成为全球最常见的大众交通工具之一。

这幅插图描绘的是1825年维也纳郊区的一所滑步车学校。

滑步车教练.

高轮自行车曾于19世纪中期风靡一时，但昂贵的售价让普通民众望而却步。

高轮自行车车座没有安装减震弹簧

骑四座自行车出游。

茂密的森林、甜美的空气……

饮料篮

该型自行车配装实心橡胶轮胎。

1880年申请美国专利的单轮自行车。该型自行车的骑行难度很大，需要车手有极强的身体控制力。

杂技演员可以在钢丝上表演骑独轮车。

1881年由奥托设计的V型皮带驱动式安全自行车

儿童自行车

世界上最小的自行车

滑稽演员

汗如雨下的自行车运动员

有内胎的轮胎

装有弹簧的前轮叉

高手把自行车

35

汽油汽车的研发

"不忘初心，方得始终"。为了造出不依赖畜力和人力驱动的车辆，人类不断探索，带来汽车由蒸汽动力车到现代汽车的不断进步。马车被称作现代汽车之母。人们把第一辆汽车命名为"汽油马车"。发明汽车的荣耀并不是由卡尔·本茨一人独享。卡尔·本茨为他的第一台汽车选装了尼古拉斯·奥古斯特·奥托发明的汽油引擎。彼时，大量极具创新精神的工程师专注于汽车设计，一大批富于想象力的设计粉墨登场。得益于各种有关汽车的奇思妙想，实用汽车在极短的时间内诞生。受制于生产数量的极端稀少和手工制造的昂贵价格，汽车在当时只是极少数富人才能负担起的奢侈品。

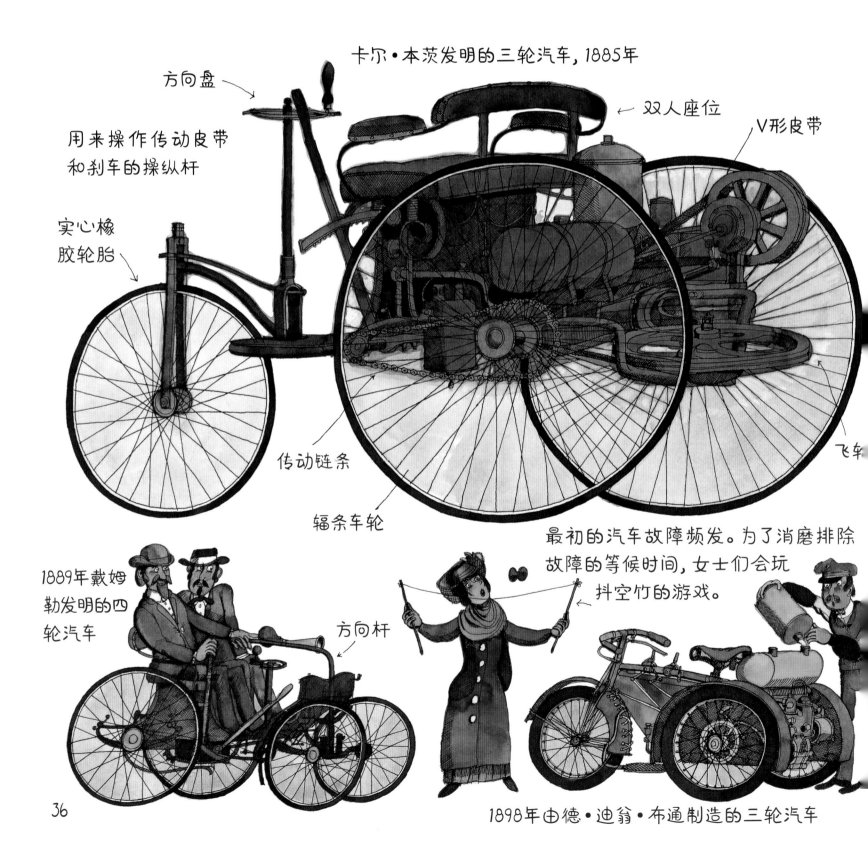

方向盘

卡尔·本茨发明的三轮汽车，1885年

双人座位

V形皮带

用来操作传动皮带和刹车的操纵杆

实心橡胶轮胎

传动链条

辐条车轮

飞车

最初的汽车故障频发。为了消磨排除故障的等候时间，女士们会玩抖空竹的游戏。

1889年戴姆勒发明的四轮汽车

方向杆

1898年由德·迪翁·布通制造的三轮汽车

标致四轮车汽车，1902年

车把

这款汽车装备了可拆卸式雨篷和收纳筐。

由于初代汽车故障频发且汽车修理厂稀缺，初代司机不仅要熟练学习驾驶技能，而且还要掌握修车技术。马匹拖曳着抛锚的汽车在路人的讥讽中前往修理厂是司空见惯的场景。汽车行驶中发出的刺耳噪声、散发的刺鼻气味、扬起的漫天灰尘招致公众的极度厌恶。下雨时司机还要用雨伞遮蔽开放式车厢。在恶劣天气和不良路况的条件下驾驶汽车是极度危险的。

在寒冷的天气里发动汽车是一件又苦又累的事情。

折叠式车顶棚

喇叭

防尘口罩

一家人身穿可防风雨的行车服。

电石灯

汽车大灯

折叠式挡风玻璃

用来抵御迎面风的车顶棚支架

装有12匹马力引擎的菲亚特汽车，1901—1903年

在加油时请关闭引擎，否则油箱无法加满。

驾驶员要花费大量时间来排除车辆故障。

加油泵

蓝旗亚·兰伯达豪华轿车最高时速可达每小时115千米，1925年。

亨利·福特的"四轮汽车试制车间"

1908年，亨利·福特T型车面世。这是世界上第一款普通民众都能买得起的汽车。第一批装配流水线开启了汽车的大规模制造时代。福特T型车售价低廉，成为人人都能拥有的国民汽车。与此同时，定制豪华汽车的拥趸仍然热情不减。在现代汽车的初创时期，涌现出了许多令人叹为观止的经典之作。这些经典的设计与我们现代汽车的创意设计相比也丝毫不落下风。从1920年至第二次世界大战期间，汽车设计融合了时髦和优雅，专家公认这一时期的汽车设计堪称经典。在一些工业国家，从事汽车制造的人口比例高达总人口的五分之一。汽车工业成为国民经济的支柱产业。

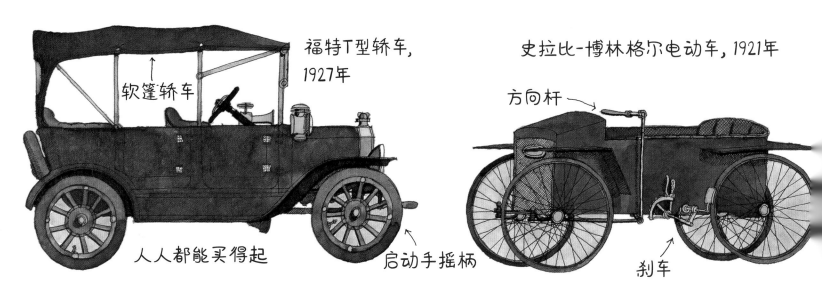

福特T型轿车，
1927年

软篷轿车

人人都能买得起

启动手摇柄

史拉比-博林格尔电动车，1921年

方向杆

刹车

V-16型轿车（1930年）是凯迪拉克最豪华的车型。这是一款足以彰显权力和地位的奢华之作。许多有钱人比较偏爱购买和使用这款轿车。

手工定制的V-16型轿车装备有辐条车轮。

司机的露天车位　　车内通话装置

有钱也买不到的1911年劳斯莱斯豪华轿车。这款车的销售对象仅限极少数地位显赫的人士。

镶有挡风玻璃的防护面罩

早期头部包裹严实的驾驶员

这是全球销量最好的一款"大众汽车（VW）"。

1910年的汽车喇叭

与汽车相关的职业

这款"大众汽车"的特点是皮实耐用、价格低廉。

未来的电动汽车

司机　　加油员　　装配工　　交通警察

占用较少的停车空间

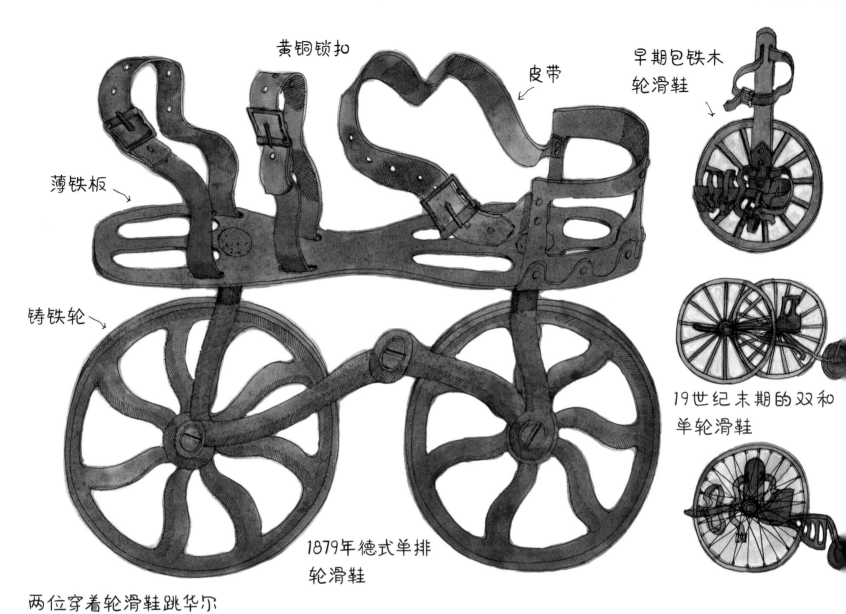

黄铜锁扣

皮带

早期包铁木
轮滑鞋

薄铁板

铸铁轮

19世纪末期的双和
单轮滑鞋

1879年德式单排
轮滑鞋

两位穿着轮滑鞋跳华尔
兹的贵妇人

大献殷勤的
追求者

女士青睐气质优
雅、体魄强健的
青年男士。

挡泥板

这款带有小腿护板的
木轮滑鞋没有安装
挡泥板。

木质双轮

随着道路越来越平坦，轮滑鞋不断改进，滑轮滑的难度不断降低。但对于初学者而言，滑出第一步仍是最为困难的。

轮滑高手

轮滑初学者

轮滑鞋

无论是过去还是现在，滑轮滑都是一种可玩性很强的娱乐项目。和溜冰一样，滑轮滑给予人们一种放松的运动体验。轮滑成为一项运动的历史并不久远。随着大型平坦场地的出现，轮滑运动逐渐扩散开来。在19和20世纪之交时，人们会衣着光鲜地滑着轮滑去剧院欣赏音乐会。在柏林、巴黎和维也纳，滑轮滑去上班一度成为一种时尚。一些技艺高超的轮滑选手更是成为了炙手可热的公众人物。现在，轮滑运动不仅是正规的比赛，而且还有专门的世界锦标赛。

滑轮滑只有选择路面平坦的道路才能有好的体验。

质动
腰带
挡泥板
发条

自走式轮滑鞋，1923年

通过伸展腿部来上发条。

手扶带

马达轮滑鞋，1917年

六个橡胶滚轮轮滑鞋

单排轮滑鞋，1920年

轮滑鞋

消防水桶

人们组成"人链"用皮革或亚麻水桶送水灭火。

可运送2至8人的
消防车

欧洲中世纪晚期的消防车

灭火水
枪手

从午睡中惊
醒的更夫

消防车

救火的关键是要尽可能快
地把消防员和灭火设备部署到
火灾现场。消防车的发展历程
与车轮的演进息息相关。

接跳布（失火时
用于接住从高
处跳下的人）

赶赴火场的纽约消防车，
1853年左右

"蓝-布斯"
消防车

42

随着建筑物越建越高，消防梯也变得越来越长。

超级强力
消防水泵

消防水泵经历了从马拉的手压泵、蒸汽泵到高效汽油泵的发展。消防车一直都是最新技术的受益者。随着建筑物变得越来越高、越来越大，城市消防安全也面临着日益严峻的挑战。一旦发生火灾，超高层建筑即使装备了救生平台、水炮和大型液压云梯也难以全面应对。

丹尼斯式消防车，伦敦，1914年。该型消防车一直服役到第二次世界大战结束。

可取下的伸缩式消防梯

警钟

"大象"，一辆早期应用于纽约的蒸汽消防车，1859年左右。

蒸汽锅炉点火启动时间较长。蒸汽消防车要想随时出动，就必须一直保持着锅炉的压力。

消防员用人力牵引消防水龙带车。

手刹：售票员在下坡时要操作手刹，协助司机控制车辆。

马拉轨道车一度成为全球所有大型都市采用的公共交通工具。

20世纪七八十年代，发展中国家和发达国家的交通状况完全不同。在发展中国家，公共交通因为价格低廉而受到大众青睐。公共汽车和轨道交通因为乘车人数太多而不堪重负。由于私家车的拥有数量较低，发展中国家几乎没有交通拥堵现象。在发达国家，由于公共交通人均价格较高，很多人不选择公共交通工具出行。私家车数量不断增多导致了严重的交通拥堵。

双层马拉轨道车，巴黎，1850年左右。此型马拉轨道车装备了可供上下的楼梯。

车灯

上下车踏板

此型蒸汽公交车设有一等、二等和三等座位，不同等级的座位对应不同的票价。

烟囱

用平纹亚麻布和木材制成的车厢

这是一辆早期投市场使用的"圣亚哥科鲁纳"蒸汽公交车，该型蒸汽交车的车顶拥有大的行李空间。

公共汽车和轨道交通

城市人口激增使得公共交通面临巨大挑战，马拉轨道车应运而生。轨道车运行在轨道上，马匹牵引车厢较为便利。为了尽可能多地运输市民，人们用增加车厢或建造双层车厢的办法来增加载员空间。随着有轨电车和汽油发动机公交车的发明，大规模的城市公共交通走上了历史舞台。

蒸汽公交车，
1840年左右

"比辛"，不伦瑞克市正式应用于城市交通运输的第一辆汽油发动机公交车，1904年。

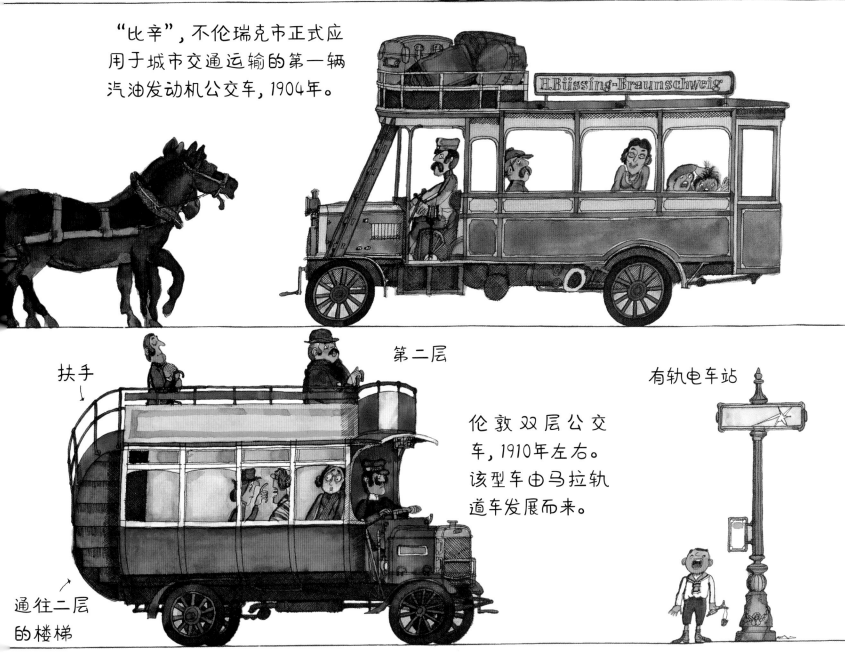

H.Büssing-Braunschweig

扶手

第二层

有轨电车站

伦敦双层公交车，1910年左右。该型车由马拉轨道车发展而来。

通往二层
的楼梯

约瑟夫·沃尔默制造的第一辆载重货车，1903年

可兰特酒店

满载红酒的货运马车

扫雪车

购物车

集装箱运输车

形形色色的车辆

车辆种类繁多，难以胜数。这里列举了几种用途特殊的车辆。现在，我们的生活与车轮的发展息息相关。无论是运输原料、食物、燃料、工业产品还是建筑材料，车轮都是交通、运输必不可少的帮手。

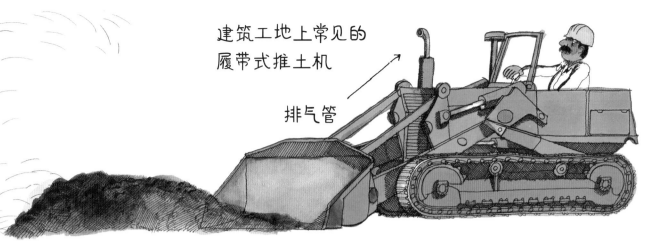

建筑工地上常见的履带式推土机

排气管

移动熊舍

保护弓架

马戏团拖拉机

电动行李车

人力牵引的满载马车

电动高尔夫球车

水陆两用汽车是指既能在陆地上驾驶又能在水面上行驶的汽车。

水陆两用汽车

船尾推进器

拥有200马力的奔驰赛车，1909年。这款赛车被誉为赛车发展史上的里程碑。

自制的无动力童车

拥有300马力的菲亚特赛车，1910年——1911年。

从汽车诞生之日起，驾驶汽车参加竞速比赛就成了勇敢者的竞技。1906年，汽车的最高时速达到每小时205千米。1911年，汽车最高时速的世界纪录是每小时228千米。

欧宝火箭推进赛车，1926年。

这辆RAK2型火箭推进赛车在柏林阿瓦斯（Avus）赛道上创下了每小时220千米的纪录。

梅赛德斯·奔驰"银箭"赛车最高时速可达400千米/时，1954年。

信息牌会告知赛车手比赛圈数和对手的距离。

助手

发令员

"疯狂竞速赛"

"疯狂竞速赛"是比赛距离只有1/4英里（约402.6米）的直线距离加速赛。这项比赛考验的是赛车的启动速度。

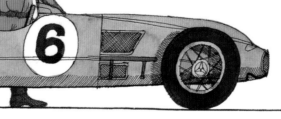

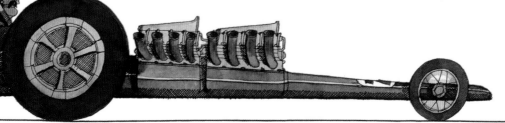

卡丁车，1961年

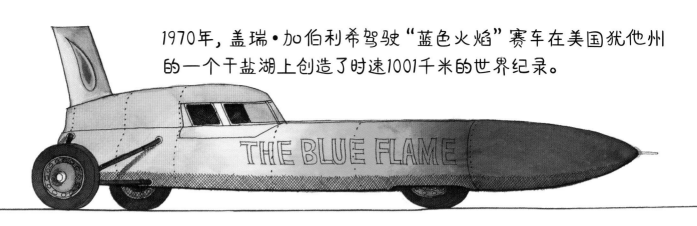

1970年，盖瑞·加伯利希驾驶"蓝色火焰"赛车在美国犹他州的一个干盐湖上创造了时速1001千米的世界纪录。

莲花72型赛车

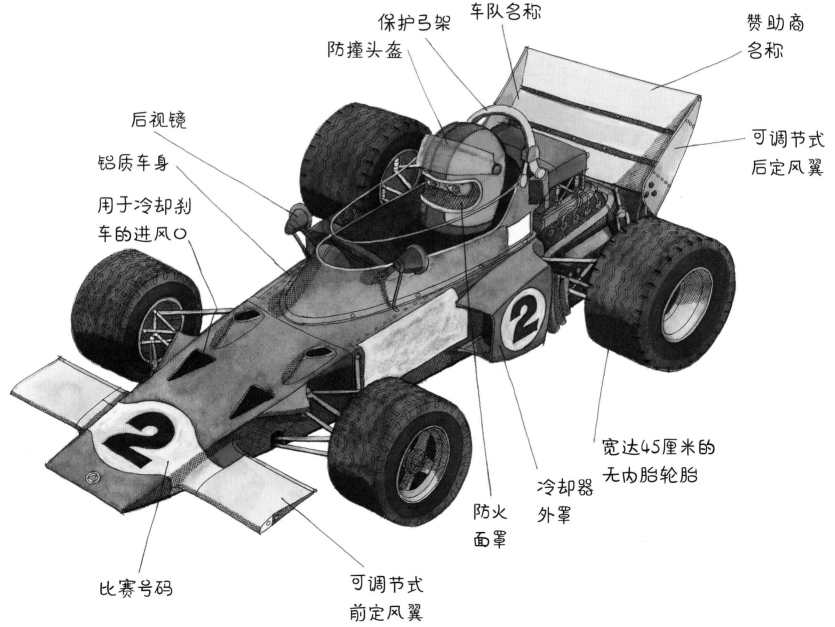

保护弓架

车队名称

防撞头盔

赞助商
名称

后视镜

可调节式
后定风翼

铝质车身

用于冷却刹
车的进风口

宽达45厘米的
无内胎轮胎

冷却器
外罩

防火
面罩

比赛号码

可调节式
前定风翼